FORSCHUNGSBERICHT DES LANDES NORDRHEIN-WESTFALEN

Nr. 2721/Fachgruppe Physik/Chemie/Biologie

Herausgegeben im Auftrage des Ministerpräsidenten Heinz Kühn
vom Minister für Wissenschaft und Forschung Johannes Rau

Priv.-Doz. Dr. Hans-Jürgen Haupt
Prof. Dr. Friedo Huber
Dr. Fred Neumann
Universität Dortmund
Lehrstuhl für Anorganische Chemie II

Untersuchung
über Metallcarbonyle und CO-Reaktionsmechanismen -
Modellsysteme für die homogene Katalyse

Westdeutscher Verlag 1978

CIP-Kurztitelaufnahme der Deutschen Bibliothek

Haupt, Hans-Jürgen
Untersuchung über Metallcarbonyle und CO-
Reaktionsmechanismen: Modellsysteme für d.
homogene Katalyse / Hans-Jürgen Haupt;
Friedo Huber; Fred Neumann. - 1. Aufl. -
Opladen: Westdeutscher Verlag, 1978.

   (Forschungsberichte des Landes Nordrhein-
   Westfalen; Nr. 2721 : Fachgruppe Physik,
   Chemie, Biologie)
   ISBN-13: 978-3-531-02721-0   e-ISBN-13: 978-3-322-88114-4
   DOI: 10.1007/978-3-322-88114-4
NE: Huber, Friedo:; Neumann, Fred:

Gesamtherstellung: Westdeutscher Verlag

ISBN-13: 978-3-531-02721-0

Inhaltsverzeichnis

I. Einleitung

Unter den Methoden zur katalytischen Einführung von Sauerstoff
in organische Substrate ist die Umsetzung von Kohlenmonoxid mit
geeigneten Verbindungen z. B. ungesättigten aliphatischen Koh-
lenwasserstoffen in Gegenwart von Übergangsmetallcarbonylkom-
plexen (Carbonylierungsreaktion) ein technisch bedeutender Weg.
Als katalytisch aktive Verbindungen dienen dabei z. B. $HCo(CO)_4$,
$HRh(CO)[P(C_6H_5)_3]$ oder $Ni(CO)_4$.

Hinsichtlich des Ablaufs der Carbonylierungsreaktion geht man
davon aus, daß zunächst CO in eine Übergangsmetall-Kohlenstoff-
Bindung eingeschoben wird und dann der entstehende Acylkomplex
durch Hydrolyse, Alkoholyse, generell durch Umsetzung mit
Nukleophilen mit aktivem Wasserstoff zersetzt wird. Die dadurch
herstellbaren Produkte reichen von Aldehyden, Alkoholen, Säuren,
Estern bis zu Säurehalogeniden und Amiden. Vom mechanistischen
Gesichtspunkt aus werden für derartige Reaktionen mit CO
schematisch zwei hypothetische Reaktionswege unterschieden, die
wie folgt skizziert werden können [1]:

Reaktionsweg A:

$$M-H + \overset{|}{C}=\overset{|}{C} \rightleftharpoons M-\overset{|}{C}-\overset{|}{C}-H$$

$$\downarrow + CO \text{ (Insertion)}$$

$$M-\overset{O}{\overset{\|}{C}}-\overset{|}{C}-\overset{|}{C}-H$$

$$\downarrow + HZ$$

$$M-H + Z-\overset{O}{\underset{\|}{C}}-\overset{|}{C}-\overset{|}{C}-H$$

Reaktionsweg B:

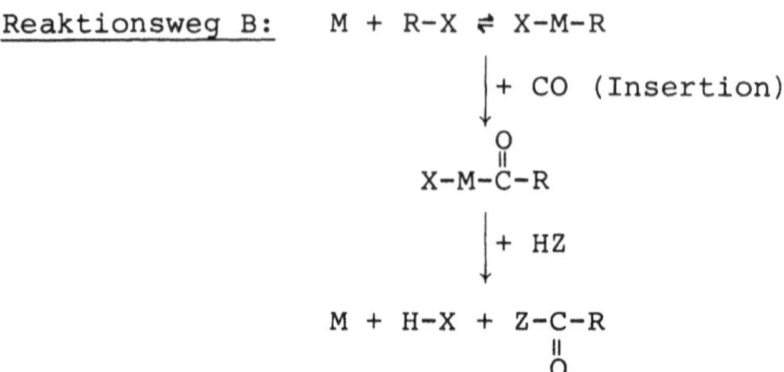

Die technisch wichtigsten Carbonylierungsreaktionen mit homogener Katalyse sind die Hydroformylierung nach O. Roelen [2] und die sogenannten Reppe-Reaktionen[3].

Wir haben die Möglichkeit untersucht mit Hilfe von Metall-Metall-gebundenen Übergangsmetallcarbonylen vom Typ $M_2'(CO)_{10}$ (M = Mn, Re) - als CO-Überträger - und metallorganischen Arylierungsmitteln vom Typ $M(C_6H_5)_n$ (M = Metall, n = ganze Zahl) - als Arylgruppenlieferanten - CO nach dem Prinzip der homogenen Katalyse auf Arylgruppen zu übertragen. Als Arylierungsmittel wurden vorwiegend Diarylquecksilberverbindungen eingesetzt. Sie besitzen gegenüber Arylderivaten anderer Metalle eine niedrigere mittlere Metall-Kohlenstoffbindungsenergie [4], was die Spaltung von Quecksilber-Aryl-Bindungen und dadurch die Übertragung von Arylgruppen begünstigt.

II. Die Übertragung von CO auf Arylgruppen

1.0. Umsetzungen von Carbonylverbindungen mit Quecksilberverbindungen

1.1. Umsetzungen von Dimangandekacarbonyl mit Quecksilberdiaryl

Bei der Umsetzung von $Hg(C_6H_5)_2$ mit $Mn_2(CO)_{10}$ im Molverhältnis 2:1 in siedendem Xylol (140°C) entstanden neben elementarem Mangan und Quecksilber, Bis(manganpentacarbonyl)quecksilber [5], Benzol sowie die CO-Übertragungsprodukte Benzophenon und zwei ortho-metallierte Ringverbindungen (vgl. Gl. 1).

(Gl. 1)

$$Hg(C_6H_5)_2 + Mn_2(CO)_{10} \longrightarrow Mn + Hg + Hg[Mn(CO)_5]_2 + C_6H_6 + CO$$
$$+ (C_6H_5)_2CO$$

$$+ \overset{O}{\underset{\|}{C_6H_5C}}(C_6H_4)Mn(CO)_4 \quad (I)$$

$$+ \overset{O}{\underset{\|}{C_{12}H_9C}}(C_6H_4)Mn(CO)_4 \quad (II)$$

Im abfiltrierten Rückstand des Reaktionsgemisches fand
sich das schwerlösliche $Hg[Mn(CO)_5]_2$ sowie Hg und Mn und
außerdem wurde $Hg[Mn(CO)_5]_2$ [5,6] IR-spektroskopisch
identifiziert. Von den Produkten, die sich in der Xylol-
lösung befanden, wurde Benzol gaschromatographisch be-
stimmt, während die CO-Übertragungsprodukte mittels Säulen-
chromatographie (Al_2O_3-Säule) voneinander getrennt und
durch Massenspektrometrie, osmometrische Molmassebestim-
mungen, schwingungsspektroskopische und ^{1}H-NMR-Messungen
erkannt wurden.

Der Strukturvorschlag für die beiden orthometallierten
Ringverbindungen I und II (Abb. 1a, b) beruht auf den in
Tab. 1 aufgeführten IR-spektroskopischen Meßdaten im Bereich der (CO)-Valenzschwingung der CO-Liganden um 2000 cm^{-1},
der (C-O)-Valenzschwingung der Ketogruppe um 1600 cm^{-1} sowie den (C-H)-Knickschwingungen der Arylgruppen um 700 cm^{-1}
[7], die zur Klärung des Substitutionsmusters beitragen.
Das $Mn(CO)_4$-Ringglied der beiden ortho-metallierten Ringverbindungen ist cis-disubstituiert. Die hierfür geforderten vier IR-aktiven (C-O)-Valenzschwingungsbanden der CO-
Liganden [8] wurden gefunden. Eine der drei aufgeführten
Schwingungsbanden (vgl. Tab. 1, Lösungsspektrum $CHCl_3$) ist
wegen ihrer asymmetrischen Erscheinungsform doppelt zu
zählen. Für I ergab sich im einzelnen folgende Zuordnung:
2082 (m) und 1999 (sst) = Valenzschwingungsbanden ν_s bzw.
ν_{as} für die senkrecht zur Ringebene liegenden CO-Liganden;

1941 sowie (die doppelt zu zählende Bande bei) 1999 (sst)
cm^{-1} = Bande der CO-Liganden in trans-Stellung zum C_6H_4-
Rest bzw. zum Ketosauerstoff. Diese Zuordnung gilt ent-
sprechend für die (C-O)-Valenzschwingungsbanden der CO-
Liganden von II.

Tab. 1

IR-Meßergebnisse an ortho-metallierten Ringverbindungen
des Benzophenons (cm^{-1})

Verbindung I	Verbindung II	Lsgm.	Zuordnung
2083 m, 1999 vs	2082 m, 1997 vs	$CHCl_3$	ν(CO)
1942 st	1941 st		$Mn(CO)_4$
1520 m	1529 m	Nujol	ν(CO) (Keto-CO)
702 st, 734 st	710 st, 700 sh	Nujol	δ(CH)
742	744		

Verbindung VI	Verbindung VII	Lsgm.	Zuordnung
2011 st, 1935 st	2012 st, 1934 st	$CHCl_3$	ν(CO)
1898 st	1897 st		$Mn(CO)_3$
1517 m	1527 m	Nujol	ν(CO) (Keto-CO)

VI: $C_6H_5\overset{\overset{O}{\|}}{C}(C_6H_4)Mn(CO)_3P(C_6H_5)_3$

VII: $C_{12}H_9\overset{\overset{O}{\|}}{C}(C_6H_4)Mn(CO)_3P(C_6H_4)_3$

Eine Bestätigung gelang durch die Zuordnung der (C-O)-
Valenzschwingungsbanden der Phosphin-substituierten Deri-
vate dieser Ringverbindungen, die gemäß Gl. 2 zugänglich
wurden.

(Gl. 2)

$$\text{I bzw. II} + P(C_6H_5)_3 \xrightarrow[\text{140}^\circ\text{C}]{\text{Xylol}} [C_6H_5\overset{O}{\overset{\|}{C}}(C_6H_4)Mn(CO)_3P(C_6H_5)_3]$$

bzw.

$$[C_{12}H_9\overset{O}{\overset{\|}{C}}(C_6H_4)Mn(CO)_3P(C_6H_5)_3] + CO$$

Die IR-spektroskopischen Untersuchungen dieser Produkte (Tab. 1) zeigten, daß bei der Umsetzung einer der beiden zu der Ringebene senkrecht stehenden CO-Liganden durch $P(C_6H_5)_3$ ersetzt wurde. Infolgedessen änderte sich durch diese Substitution nur die Lage der CO-Bande, die nun dem Phosphinliganden gegenübersteht. Sie wurde wegen der geringen π-Akzeptorfähigkeit des Phosphinliganden gegenüber dem substituierten CO-Liganden erwartungsgemäß zu kleineren Wellenzahlen verschoben. Sie liegt um 1900 cm^{-1}.

Der in den Abb. 1a und 1b skizzierte Strukturvorschlag für die beiden ortho-metallierten Ringverbindungen stützt sich weiterhin auf die gemessenen IR-Banden um 700 cm^{-1} (Tab.1). So wird für das Vorliegen eines monosubstituierten Benzolrings das Auftreten von zwei intensitätsstarken IR-Banden (700±10 cm^{-1}, sowie 730-770 cm^{-1}) und für einen 1.2-disubstituierten Ring eine weitere starke Bande (735-770 cm^{-1}) für I verlangt. Die drei geforderten IR-Banden mit den entsprechenden Zuordnungen für die Monosubstitution (702 und 734 cm^{-1}) und die 1.2-Disubstitution (742 cm^{-1}) am Aromaten wurden gemessen.

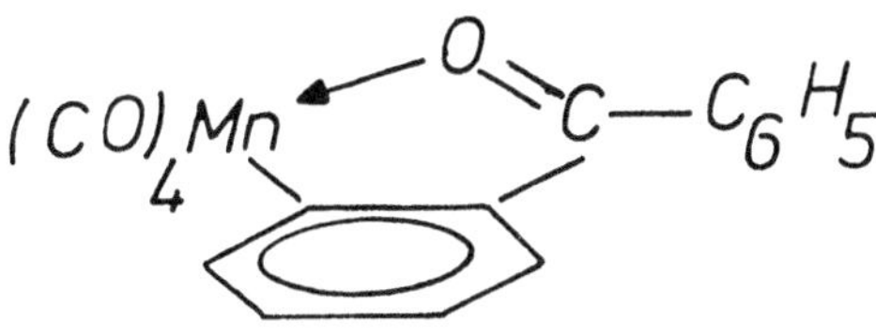

(I)

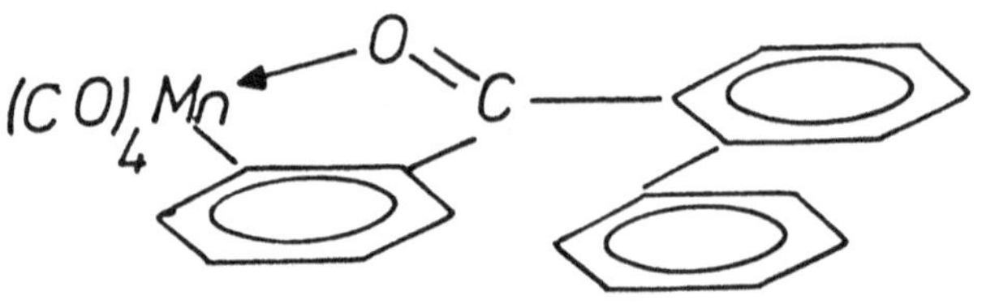

(II)

Abb. 1a - b   Strukturvorschlag für $C_6H_5\overset{O}{\overset{\|}{C}}(C_6H_4)Mn(CO)_4$ (I) und

$C_{12}H_9\overset{O}{\overset{\|}{C}}(C_6H_4)Mn(CO)_4$ (II)

Für II wurden bei 710 cm^{-1} (Schulter bei 700 cm^{-1}) und
744 cm^{-1} zwei IR-Banden gefunden, die sich mit dem Vor-
handensein von zwei 1.2-disubstituierten und einem monosubstituierten Benzolring deuten lassen. In Übereinstimmung mit diesem Vorschlag war das Ergebnis der Umsetzung
von II mit einem H-Donor (Isopropanol) gemäß Gl. 3, bei
der 2-Phenylbenzophenon $C_6H_5COC_6H_4C_6H_5$ isoliert und durch
Vergleich mit dem bekannten Keton identifiziert werden
konnte.

(Gl. 3)

$$I \xrightarrow[\text{Isopropanol}]{\text{Xylol } 140^{\circ}C} C_6H_5COC_{12}H_9 + Mn + 4CO$$

$Hg[p-(CH_3)_2NC_6H_4]_2$ statt $Hg(C_6H_5)_2$ wurde unter gleichen
Reaktionsbedingungen mit $Mn_2(CO)_{10}$ umgesetzt. Als CO-Übertragungsprodukte wurden Michlers Keton sowie die beiden
ortho-metallierten Ringverbindungen III und IV erhalten
(vgl. Gl. 4).

(Gl. 4)

$$HgR_2 + Mn_2(CO)_{10} \longrightarrow Mn + Hg + Hg[Mn(CO)_5]_2 + RH$$

$$+ R\overset{O}{\overset{\|}{C}}[(CH_3)_2NC_6H_3]Mn(CO)_4 \quad (III)$$

$$+ C_{16}H_{21}N_2\overset{O}{\overset{\|}{C}}[(CH_3)_2NC_6H_3]Mn(CO)_4 \quad (IV)$$

$$+ R_2CO$$

$R=p-(CH_3)_2NC_6H_4$

Die Identifizierung dieser Reaktionsprodukte gelang nach
säulenchromatographischer Trennung auf entsprechende Weise
wie die der Produkte der vorher beschriebenen Umsetzung
des Quecksilberdiphenyls mit $Mn_2(CO)_{10}$.

Die IR-Meßergebnisse des Produktes III, die in Tab. 2 auf-
geführt sind, erlauben den in Abb. 2 formulierten Strukturvorschlag.

Tab. 2

IR-Meßergebnisse an ortho-metallierten Ringverbindungen
von Michlers Keton (cm^{-1})

Verbindung III	Verbindung IV	Lsgm.	Zuordnung
2080 m, 1996 vs	2086 m, 1990 vs	$CHCl_3$	$\nu(CO)$
1929 st	1925 s		$Mn(CO)_4$
1582 m	1576 m	Nujol	$\nu(CO)$ (Keto-CO)
752, 772	755, 775	Nujol	$\delta(CH)$
830, 850			

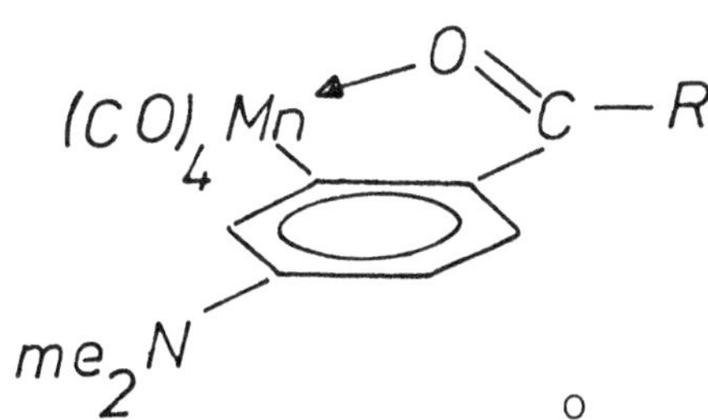

Abb. 2   Strukturvorschlag für $RC[me_2NC_6H_3]Mn(CO)_4$ (III)
(R = p-$(CH_3)_2NC_6H_4$; me = CH_3)

Die Ausbeuten an den CO-Übertragungsprodukten beliefen
sich für die Ketone (Benzophenon oder Michlers Keton) jeweils maximal auf bis zu 45 % bezogen auf eingesetztes
$Mn_2(CO)_{10}$, während der Produktanteil der beiden ortho-
metallierten Ringverbindungen vom Typ I und II bzw. III
und IV bis 25 % ansteigen konnte. Der Zeitpunkt für den
optimalen Umsatz wurde durch laufende IR-spektroskopische
Untersuchungen der Reaktionslösung im Bereich der charak-
teristischen (C-O)-Valenzschwingungsbanden der CO-Übertragungsprodukte ermittelt. Das in Gl. 1 und Gl. 4 angege-
bene Molverhältnis erwies sich für die Herstellung der
ortho-metallierten Ringverbindungen als optimal; der Produktanteil zwischen den jeweiligen Ringverbindungen mit
n = 1 und n = 2 bewegte sich um das Verhältnis (n = 1) :
(n = 2) = 3:1. Die besten Ausbeuten für diese Produkte
wurden in Xylol erzielt; in den anderen verwendeten Lösungsmitteln wie Dibutyläther, Toluol, Cyclohexan und Benzol
waren die Ausbeuten geringer.

Die Reaktionstemperatur der Umsetzungen entsprach dem
Siedepunkt der angegebenen Lösungsmittel. Die Reaktions-
zeit betrug 1,5 bis 2 Stunden, für das niedrig siedende
Benzol wurde die Reaktionszeit auf 20 Stunden verlängert.

Die maximale Ausbeute an Ringverbindungen wird bei der Umsetzung nach Gl. 4 früher erreicht als bei der Umsetzung
nach Gl. 1, was gleichbedeutend ist mit einem schnelleren
Reaktionsverlauf zu den ortho-metallierten Ringverbindungen von Michlers Keton als zu denen des Benzophenons. Die
kürzere Reaktionsdauer für die Entstehung der ortho-metallierten Ringverbindungen von Michlers Keton läßt sich
mit einem die Reaktion beschleunigenden Einfluß des
$N(CH_3)_2$-Substituenten in Zusammenhang bringen.

1.2. Umsetzungen von Dimangandekacarbonyl mit Quecksilberdiaryl unter CO-Druck

Das Studium des Einflusses des CO-Druckes auf den Reaktionsablauf der Umsetzung von $Mn_2(CO)_{10}$ mit $Hg(C_6H_5)_2$ (Gl. 1) bzw. $Hg(p-(CH_3)_2N-C_6H_4)_2$ (Gl. 4) führte zur Auffindung einer durch $Mn_2(CO)_{10}$ katalysierten Reaktion, die die Produkte Benzophenon bzw. Michlers Keton und Quecksilber (Gl. 5) ergab.

(Gl. 5)

$$Hg(C_6H_5)_2 \text{ bzw. } Hg[p-(CH_3)_2NC_6H_4]_2 \xrightarrow[\text{Katalys. } Mn_2(CO)_{10}]{\substack{\text{Xylol, } 140^{\circ}C \\ p_{CO} \text{ 15-25 bar}}} (C_6H_5)_2CO \text{ bzw. Michlers Keton } + Hg$$

Es konnten unter Inkaufnahme eines Katalysatorverlustes von 1-2 % (bezogen auf das eingesetzte Arylierungsmittel) beliebige Mengen des jeweiligen Arylierungsmittels mit CO vollständig zu Keton umgesetzt werden. Bei Abwesenheit von $Mn_2(CO)_{10}$ vollzog sich bei sonst gleichen Reaktionsbedingungen keine Umsetzung zwischen den Arylierungsmitteln und CO. Hiermit ist der Sachverhalt des Reaktionsverlaufs nach Maßgabe einer homogenen Katalyse für die Umsetzungen gemäß Gl. 5 bewiesen. Der Verlust an Katalysator wird durch eine Reaktion von $Hg(C_6H_5)_2$ mit $Mn_2(CO)_{10}$ zu $Hg[Mn(CO)_5]_2$ verursacht, welches wegen seiner sehr geringen Löslichkeit in siedendem Xylol aus der Reaktionslösung ausfällt. Durch entsprechende Versuche wurde gezeigt, daß $Hg[Mn(CO)_5]_2$ einen Reaktionsverlauf nach Gl. 5 nicht katalysiert.

Neben den Quecksilberarylverbindungen sind $Zn(C_6H_5)_2$ sowie $In(C_6H_5)_3$ als Arylierungsmittel für einen Reaktionsablauf entsprechend Gl. 5 geeignet.

Weiterhin ist erwähnenswert, daß auch $Hg(mesityl)_2$ bei entsprechenden Reaktionsbedingungen gemäß Gl. 5 zum Dimesitylketon abreagiert.

Im Gegensatz zu den ohne CO-Überdruck ablaufenden Umsetzungen zwischen $Mn_2(CO)_{10}$ und $Hg(C_6H_5)_2$ bzw. $Hg[p-N(CH_3)_2-C_6H_4]_2$ (vgl. Gl. 1 und Gl. 4) entstanden bei den Reaktionen unter CO-Druck (nach Gl. 5) keine ortho-metallierten Ringverbindungen des Benzophenons oder von Michlers Keton. Die selektive Produktbildung ist damit auf CO-Druck zurückzuführen. Das eingesetzte $Mn_2(CO)_{10}$ wirkt als Katalysator.

1.3. Entstehung der ortho-metallierten Ringverbindungen

Im Jahre 1975 veröffentliche Kaesz [9] eine Reaktion zur Gewinnung ortho-metallierter Ringverbindungen des Benzophenons gemäß Gl. 6.

(Gl. 6)

$$CH_3M(CO)_5 + (C_6H_5)_2CO \xrightarrow{\text{Benzol, } 82^{\circ}C} CH_4 + I + CO$$
(M = Mn, Re)

Der Vergleich der IR-Spektren des nach Gl. 1 entstandenen Produktes mit dem der nach Gl. 6 hergestellten Vergleichssubstanz zeigte, daß es sich in beiden Fällen um die gleiche Verbindung handelte. Der Entstehungsweg ist jedoch unterschiedlich. Setzt man nämlich $C_6H_5Mn(CO)_5$ unter den Bedingungen der nach Gl. 1 durchgeführten Reaktion mit Benzophenon um, so erhält man entsprechend Gl. 7a nur Zersetzungsprodukte des $C_6H_5Mn(CO)_5$, sowie unumgesetztes Benzophenon. Bei der Umsetzung von $Hg(C_6H_5)_2$ mit $Mn_2(CO)_{10}$ nach Gl. 1, bei der $C_6H_5Mn(CO)_5$ durchaus als Zwischenprodukt angenommen werden kann, liegt dieses obschon die Zersetzungsreaktion ziemlich schnell verläuft offenbar in ausreichender Konzentration vor, um unmittelbar mit $Hg(C_6H_5)_2$ zu I reagieren zu können. Das bei dieser Reaktion ebenfalls gebildete Benzophenon scheidet als Reaktionspartner aufgrund des Ergebnisses der Umsetzung nach Gl. 7a aus; dies ist wegen des bekannten langsamen Verlauf der aromatischen Substitution bei thermischer Aktivierung verständlich.

(Gl. 7a, 7b)

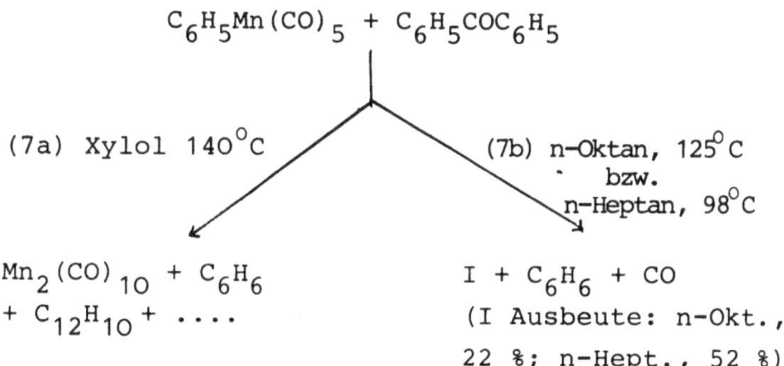

Die beobachtete Ringverbindung entsteht aber - wenn auch
in relativ geringen Ausbeuten - bei der niedrigeren Reaktionstemperatur des siedenden n-Oktans bzw. n-Heptans (vgl.
Gl. 7b).

Wird bei der Umsetzung nach Gl. 7 das Benzophenon durch das
Arylierungsmittel $Hg(C_6H_5)_2$ ersetzt so reagiert dieses mit
Phenylmanganpentacarbonyl in den genannten Lösungsmitteln
zu I neben $Hg[Mn(CO)_5]_2$ und Benzol (Gl. 8). Die Ausbeuten
sind in einem niedrig siedenden Lösungsmittel wie n-Heptan
nur bei einem Überschuß von $Hg(C_6H_5)_2$ praktisch quantita-
tiv (vgl. auch Diskussion des Reaktionsmechanismus in Gl.
17).

(Gl. 8)

$$2C_6H_5Mn(CO)_5 + 0.5\ Hg(C_6H_5)_2 \xrightarrow[1,5\ h]{n\text{-Heptan},98°C} I$$
$$+ 0.5\ Hg[Mn(CO)_5]_2 + C_6H_6 + CO$$

Aus I geht durch Umsetzung mit einem Überschuß an $Hg(C_6H_5)_2$
die zweite ortho-metallierte Ringverbindung II (vgl. Gl. 1)
gemäß Gl. 9 hervor.

(Gl. 9)

$$I + Hg(C_6H_5)_2 \longrightarrow II + Hg + C_6H_6$$

Ortho-metallierte Ringverbindungen von asymmetrischen Ketonen, beispielsweise des Acetophenons, (IR-Meßergebnisse Tab. 3), sind analog der Umsetzung in Gl. 8 nach Gl. 10 zu isolieren.

Tab. 3

IR-Meßergebnisse an ortho-metallierten Ringverbindungen des Benzophenons und Acetophenons (cm^{-1})

Verbindung VIII	Verbindung IX	Lsgm.	Zuordnung
2093 m, 1991 vs	2092 m, 1989 vs		$\nu(CO)$
1986 sh, 1939 st	1939 vs	C_6H_{12}	$Re(CO)_4$
1495 m	1505 m	Nujol	$\nu(CO)$ (Keto-CO)
698, 730	695, 703	Nujol	$\delta(CH)$
738	736 sh, 740		

Verbindung V		Lsgm.	Zuordnung
2082 m, 1997 vs		C_6H_{12}	$\nu(CO)$
1947 st			$Mn(CO)_4$
1530 m		Nujol	$\nu(CO)$ (Keto-CO)

$$\text{VIII:}\quad C_6H_5\overset{\overset{O}{\|}}{C}(C_6H_4)Re(CO)_4$$

$$\text{IX:}\quad C_{12}H_9\overset{\overset{O}{\|}}{C}(C_6H_4)Re(CO)_4$$

(Gl. 10)

$$Hg(CH_3)_2 + 2C_6H_5Mn(CO)_5 \xrightarrow{\text{n-Heptan,}98^{\circ}C} CH_3\overset{\overset{O}{\|}}{C}(C_6H_4)Mn(CO)_4$$
$$+ Hg[Mn(CO)_5]_2 + CH_4 + CO$$

Der Entstehungsweg des jeweiligen ortho-metallierten Reaktionsproduktes nach Gl. 8 sowie Gl. 10 veranschaulicht, daß ein vorhandener Überdruck an CO deren Entstehung nachteilig beeinflußt. Dies wurde durch die beschriebenen Versuchsergebnisse (vgl. 1.2.) bewiesen.

1.4. Umsetzung von Dirheniumdekacarbonyl mit Quecksilberdiphenyl und Benzophenon

Bei der Umsetzung von $Hg(C_6H_5)_2$ mit $Re_2(CO)_{10}$ statt mit $Mn_2(CO)_{10}$ unter vergleichbaren Reaktionsbedingungen und im Einschlußrohr bei $160^{\circ}C$ wurden keine CO-Übertragungsprodukte gebildet. Die Reaktion verlief entsprechend Gl. 11.

(Gl. 11)

$$Hg(C_6H_5)_2 + 2Re_2(CO)_{10} \xrightarrow{Xylol, 140^{\circ}C} 2C_6H_5Re(CO)_5 + Hg[Re(CO)_5]_2$$

Offenbar erfolgt unter diesen Reaktionsbedingungen keine CO-Insertion am Rhenium.

Die im Vergleich zu den entsprechenden Mn-Verbindungen [10] höheren Bindungsenergien der Bindungen M–C≡O sowie M–C dürfte im Falle M = Re die Insertion blockieren; für M = Mn erscheint hingegen das Gleichgewicht gemäß Gl. 12 nach rechts verschoben.

(Gl. 12)

$$C_6H_5M(CO)_5 \rightleftharpoons (C_6H_5)(CO)M(CO)_4$$
$$(M = Re, Mn)$$

Erst ein Zusatz von Benzophenon zu den Reaktanden $Hg(C_6H_5)_2$ und $Re_2(CO)_{10}$ lieferte die beiden Mangan-analogen ortho-metallierten Rheniumverbindungen (Gl. 13a - c).

(Gl. 13a - c)

$$(13a) \quad 0.5\, Hg(C_6H_5)_2 + Re_2(CO)_{10} \xrightarrow{Xylol, 140^{\circ}C} 0.5\, Hg[Re(CO)_5]_2 + C_6H_5Re(CO)_5$$

$$(13b) \quad C_6H_5Re(CO)_5 + (C_6H_5)_2CO \longrightarrow \overset{O}{\overset{\|}{C_6H_5C}}(C_6H_4)Re(CO)_4 + C_6H_6 + CO$$

$$(13c) \quad IV + Hg(C_6H_5)_2 \longrightarrow \overset{O}{\overset{\|}{C_{12}H_9C}}(C_6H_4)Re(CO)_4 + Hg + C_6H_6$$

Die IR-spektroskopischen Meßergebnisse mit den Zuordnungen
der Banden für die beiden ortho-metallierten Rheniumring-
verbindungen zeigt Tab. 3.

1.5. __Umsetzung von Dicobaltoktacarbonyl mit Quecksilberdiphenyl__
Im Unterschied zu den Dekacarbonylen des Mangans und des
Rheniums besitzt $Co_2(CO)_8$ im Festkörper keine Metall-Me-
tall-Bindung sondern verfügt über zwei verbrückende CO-
Liganden [11]. In Lösungen stellt sich ein Gleichgewicht
zwischen den beiden Bindungsisomeren gemäß Gl. 14 ein [12],
welches sich unterhalb Raumtemperatur zugunsten der CO-
verbrückten Lösungsteilchen verschiebt.

$$(Gl.\ 14)$$

$$(CO)_3Co \overset{CO}{\underset{CO}{\diamond}} Co(CO)_3 = (CO)_4Co-Co(CO)_4$$
(Lösung)

Werden nun Lösungen des $Co_2(CO)_8$ bei Raumtemperatur oder
bei $-25^\circ C$ mit $Hg(C_6H_5)_2$ in unpolaren Solventien umgesetzt,
so entstehen die Quecksilber-Kobalt-Cluster $Hg[Co(CO)_4]_2$
[13], $[HgCo(CO)_3]_n$ sowie $Hg_4Co_4(CO)_{10}$ und als einziges CO-
Übertragungsprodukt Benzophenon. Die Ausbeute an Benzophenon steigt bei Anwendung von CO-Drücken >1 bar; dabei entsteht nach Ref. [14] stets $Hg[Co(CO)_4]_2$.

Im Gegensatz zu den Metall-Metall-gebundenen Lösungsteilchen des $Mn_2(CO)_{10}$ welche bei Umsetzung mit $Hg(C_6H_5)_2$ in
Abwesenheit eines CO-Überdruckes als CO-Übertragungsprodukte Benzophenon und zwei ortho-metallierte Ringverbindungen liefern, reagiert $Co_2(CO)_8$ mit $Hg(C_6H_5)_2$ nur zu
Benzophenon.

Weiterhin ist bemerkenswert, daß bei der Umsetzung des
$Hg(C_6H_5)_2$ mit $Co_2(CO)_8$ Benzophenon bei wesentlich niedrigeren Reaktionstemperaturen als bei der Umsetzung mit
$Mn_2(CO)_{10}$ entsteht. Diese Beobachtung führt zu folgender
Überlegung: $Mn_2(CO)_{10}$ bildet kein Gl. 14 analoges Gleich-

gewicht, sodaß eine Reaktion mit $Hg(C_6H_5)_2$ nur von dem
Lösungsteilchen mit einer Mn-Mn-Bindung ausgehen kann.
Geht man nun davon aus, daß die Bindungsfestigkeit einer
unverbrückten Co-Co-Bindung ähnlich groß ist wie die einer
analogen Mn-Mn-Bindung [15] und berücksichtigt man, daß die
Enthalpiedifferenz zwischen den beiden Lösungsteilchen des
Dicobaltoktacarbonyls mit $5,5$ $kJ \cdot mol^{-1}$ [12] nur sehr ge-
ring ist, so erscheint es naheliegend, daß bei der Umsetzung des $Co_2(CO)_8$ das Co-verbrückte Isomere leichter reagiert als das Isomere mit der Co-Co-Bindung, da eine der
drei Brückenbindungen des erstgenannten Isomeren leichter
gespalten wird als die Co-Co-Bindung des zweiten Isomeren.
Damit muß $Co_2(CO)_8$ leichter reagieren als $Mn_2(CO)_{10}$, sodaß
die niedrigere Reaktionstemperatur verständlich ist.

Die erhaltenen Reaktionsprodukte und die obige Überlegung
erlauben folgenden schematisch formulierten Vorschlag
für einen Angriff von $Hg(C_6H_5)_2$ auf Co-verbrückte
$Co_2(CO)_8$-Lösungsteilchen.

Hierbei wird in Übereinstimmung mit dem Ergebnis von
Protonierungsreaktionen des $Co_2(CO)_8$ [16] davon ausge-
gangen, daß das Co-Atom bevorzugt einem elektrophilen
Angriff des $Hg(C_6H_5)_2$ unter Entstehung der skizzierten
unstabilen und stabilen Folgeprodukte unterliegt. Dem-
gegenüber bilden sich die ähnlichen Folgeprodukte des
Mangans bei der Umsetzung von $Mn_2(CO)_{10}$ und $Hg(C_6H_5)_2$
erst nach der Spaltung der Mn-Mn-Bindung.

$$\text{Co}_2(\text{CO})_8 + \text{Hg}(C_6H_5)_2 \xrightarrow{\text{Lösungsmittel}}$$

$$(C_6H_5)(\text{CO})_3\text{Co} \quad + \quad C_6H_5\text{-Hg-Co}(\text{CO})_4$$

$$\downarrow \text{(CO-Insertion)}$$

$$(C_6H_5)_2\text{Hg} + \text{Hg}[\text{Co}(\text{CO})_4]_2$$

$$(\text{CO})_3(\text{Lsgm.})\text{Co}(\text{CO-}C_6H_5)$$

$$\downarrow + \text{Hg}(C_6H_5)_2$$

$$C_6H_5\text{CO}C_6H_5 \quad + \quad [(\text{CO})_3\text{Co-Hg-}]_n$$

2.0. <u>Umsetzung von Carbonylverbindungen mit anderen Arylierungs-mitteln</u>

Bei Umsetzungen der beiden Metall-Metall-gebundenen Deka-carbonyle $\text{Mn}_2(\text{CO})_{10}$ und $\text{Re}_2(\text{CO})_{10}$ mit Quecksilberarylver-bindungen HgR_2 führt nur diejenige mit $\text{Mn}_2(\text{CO})_{10}$ zu CO-Übertragungsprodukten. Die folgenden Untersuchungen zur Frage, ob und inwieweit auch andere Arylierungsmittel ver-gleichbaren Typs wie HgR_2 befähigt sind CO-Übertragungs-produkte hervorzubringen, beschränkten sich deshalb auf deren Umsetzung mit $\text{Mn}_2(\text{CO})_{10}$.

Die Arylierungsmittel $Zn(C_6H_5)_2$, $In(C_6H_5)_3$, $Ga(C_6H_5)_3$ sowie $[Al(C_6H_5)_3]_2$ wurden für die Umsetzung mit $Mn_2(CO)_{10}$ herangezogen. Sie besitzen eine höhere mittlere Metall-Kohlenstoff-Bindungsenergie [4] als $Hg(C_6H_5)_2$, wodurch die Übertragung von Phenylgruppen in der Reihenfolge der Arylierungsmittel mit Hg<Zn<In<Ga<Al erschwert wird. Bei der Umsetzung dieser Arylierungsmittel mit $Mn_2(CO)_{10}$ in siedendem Xylol ohne Anwendung von CO-Überdruck wurde gefunden, daß die in der obigen Reihe auf Quecksilber- folgenden Zink- und Indium-Phenylverbindungen ebenfalls Phenyl-Übertragungsprodukte liefern, die eine Ketogruppe enthalten. Die beiden anderen Metallphenyle $Ga(C_6H_5)_3$ bzw. $[Al(C_6H_5)_3]_2$ gingen derartige Reaktionen nicht ein. Bei ihnen reicht offenbar in Übereinstimmung mit der obengenannten Ordnung der mittleren Metall-Phenyl-Bindungsenergien die Reaktionstemperatur des siedenden Xylols nicht für eine Reaktion der Phenylreste aus.

Im Falle von $Zn(C_6H_5)_2$ oder $In(C_6H_5)_3$ wurden die Phenylreste überwiegend zu Benzophenon umgesetzt. Die Ausbeute an Benzophenon belief sich durchschnittlich auf 70 bis 80% (bez. auf eingesetztes $Mn_2(CO)_{10}$). Weitere Reaktionsprodukte der Umsetzung zwischen $Zn(C_6H_5)_2$ bzw. $In(C_6H_5)_3$ mit $Mn_2(CO)_{10}$ sind Gl. 15 und 16 zu entnehmen.

(Gl. 15)

$$Zn(C_6H_5)_2 + Mn_2(CO)_{10} \rightarrow Zn[Mn(CO)_5]_2 + Zn + Mn + C_6H_6 + CO + (C_6H_5)_2CO + I + II$$

(Gl. 16)

$$In(C_6H_5)_3 + Mn_2(CO)_{10} \rightarrow In + Mn + C_6H_6 + CO + Mn_2(CO)_8[\mu\text{-}InMn(CO)_5]_2 \cdot 2(C_6H_5)_2CO + I$$

Der Anteil an ortho-metallierten Ringverbindungen unter den Reaktionsprodukten war bei beiden Umsetzungen deutlich geringer als bei der entsprechenden Umsetzung mit

$Hg(C_6H_5)_2$. Hieraus läßt sich folgern, daß größere Anteile
der ortho-metallierten Produkte des Mangans erwartet werden können, wenn im Arylierungsmittel die mittlere Phenyl-
Metall-Bindungsenergie niedrig ist.

Ortho-metallierte Ringverbindungen werden nicht gebildet,
wenn die beiden letztgenannten Reaktionen unter einem CO-
Druck von 25 bar durchgeführt werden. Als CO-Übertragungs-
produkt entsteht dabei nur Benzophenon, wobei $Mn_2(CO)_{10}$
wie bei den schon behandelten Umsetzungen mit $Hg(C_6H_5)_2$
als Katalysator wirkt.

3.0. <u>Diskussion des Mechanismus der CO-Übertragung durch</u> <u>$Mn_2(CO)_{10}$</u>

Die Erarbeitung eines Vorschlages für den Mechanismus der
Übertragung von CO auf Arylreste bei den Umsetzungen von
$Mn_2(CO)_{10}$ mit Arylierungsmitteln wie $Hg(C_6H_5)_2$,
$Hg(p-(CH_3)_2NC_6H_4)_2$, $Hg(mesityl)_2$, $Zn(C_6H_5)_2$ oder $In(C_6H_5)_3$
beruht auf den Beobachtungen bei der präparativen Umset-
zungen. Kinetische Untersuchungen solcher Reaktionssysteme
sowie gezielte Experimente zur Isolierung von Zwischen-
produkten zur Stützung der nachfolgenden Vorschläge wurden
bisher nicht unternommen.

Die präparativen Untersuchungen lassen zwei Reaktionswege
für die Übertragung von CO erkennen. Sie unterscheiden
sich durch ihr jeweiliges Endprodukt, ein Keton oder eine
ortho-metallierte Ringverbindung mit einer am Manganatom
koordinierten Ketogruppe.

Die Entstehung der Ringverbindung beginnt bei der Umsetzung von $Mn_2(CO)_{10}$ und $Hg(C_6H_5)_2$ mit der Primärreaktion
zu $C_6H_5Mn(CO)_5$ sowie $Hg[Mn(CO)_5]_2$ (Gl. 17a). Hierbei sollte
die Spaltung der Mn-Mn-Bindung von $Mn_2(CO)_{10}$ ein Primärschritt sein, weil deren Bindungsenergie [10] kleiner ist
als diejenige einer Phenyl-Quecksilber-Bindung [4].

(Gl. 17a)

$$Hg(C_6H_5)_2 + 2Mn_2(CO)_{10} \rightarrow 2C_6H_5Mn(CO)_5 + Hg[Mn(CO)_5]_2$$

In Übereinstimmung mit dieser Überlegung zum Primärschritt
liefert diese Umsetzung bei Bestrahlung mit der Wellenlän-
ge λ = 300 nm, die zur elektronischen Anregung des energe-
tisch höchsten besetzten Molekülorbitals von $Mn_2(CO)_{10}$,
dem bindenden σ-Mn-Mn-Bindungsenergieniveau (HOMO) [15],
ausreicht, die besten Ausbeuten an $C_6H_5Mn(CO)_5$ (78% bezogen auf $Mn_2(CO)_{10}$). Diese Ausbeute ist bei Einstrahlung
sowohl von energiereicherer als auch von energieärmerer
Strahlung deutlich verringert.

Das Phenylmanganpentacarbonyl wird sehr wahrscheinlich
auch, wie im Abschnitt 1.3. diskutiert wurde von den Aus-
gangsprodukten in Gl. 17a thermisch gebildet; sein direk-
ter Nachweis scheiterte wegen der unmittelbaren Weiterreaktion mit $Hg(C_6H_5)_2$ bzw. CO (vgl. 1.3.). Für die ther-
mische Entstehung des Phenylmanganpentacarbonyls spricht
ferner, daß die analoge Umsetzung von $Re_2(CO)_{10}$ und
$Hg(C_6H_5)_2$ - bei deutlich höheren Temperaturen - $C_6H_5Re(CO)_5$
liefert. Das thermisch instabilere $C_6H_5Mn(CO)_5$ kann mit
$Hg(C_6H_5)_2$ sofort weiterreagieren und wird dadurch zum
überwiegenden Teil dem Selbstzerfall entzogen (vgl. 1.3.).
Für die Einzelschritte der Weiterreaktion des thermisch
intermediär gebildeten $C_6H_5Mn(CO)_5$ oder des als Ausgangs-
stoff eingesetzten $C_6H_5Mn(CO)_5$ mit $Hg(C_6H_5)_2$ zur Ringverbindung I werden folgende Reaktionsschritte (Gl. 17b - e)
vorgeschlagen. Die hypothetischen Reaktionswege A und B
(vgl. 1.1.) [1] haben in diesem Schema die CO-Insertion
als gemeinsames Charakteristikum.

(Gl. 17b - e)

(17b) $C_6H_5Mn(CO)_5 \rightleftharpoons C_6H_5COMn(CO)_4$ (Insertion)

(17c) $C_6H_5COMn(CO)_4 + Hg(C_6H_5)_2 \rightarrow <C_6H_5COMn(CO)_4(HgC_6H_5)>$
$$\underset{C_6H_5}{\big|}$$

(Oxidative Addition)

$$(17d) \quad < C_6H_5\overset{|}{\underset{C_6H_5}{C}}OMn(CO)_4(HgC_6H_5) > + C_6H_5Mn(CO)_5 \rightarrow C_6H_6 + CO + I$$

$$(17e) \quad 2C_6H_5HgMn(CO)_5 \xrightarrow{\text{Xylol,}-20^\circ C} Hg(C_6H_5)_2 + Hg[Mn(CO)_5]_2$$

Für die zwischenzeitliche Bildung eines Manganderivates
mit einer Acylgruppe nach Gl. 17b spricht das Auftreten
einer IR-Bande im Bereich der (C-O)-Valenzschwingung einer
Acylgruppe [18]. Derartige Verbindungen konnten in ver-
schiedenen Reaktionsgemischen identifiziert werden; ihre
Reinigung scheiterte jedoch am Zerfall während der Ab-
trennung. Die CO-Insertion beim $C_6H_5Mn(CO)_5$ wurde nur auf
thermischem Wege erreicht; das dabei entstehende instabile
Zwischenprodukt wird durch die beschriebenen Folgereakti-
onen (17c-d) in I überführt. Der Reaktionsablauf, der zur
Bildung des Zwischenproduktes $C_6H_5HgMn(CO)_5$ nach Gl. 17e
führt, wurde experimentell bewiesen.

Der Reaktionsweg zu I wird durch CO-Überdruck nachteilig
beeinflußt, sodaß nicht diese Ringverbindung bei Umsetzungen zwischen $Mn_2(CO)_{10}$ und $Hg(C_6H_5)_2$ bei 15 bis 20 bar CO-
Druck gebildet wird, sondern nur Benzophenon. Da für die
Keto-Entstehung der CO-Druck eine Rolle spielt wird für
die katalytische Bildung des Ketons folgender Primärschritt vorgeschlagen (Gl. 18).

$$(Gl. 18)$$

$$Mn_2(CO)_{10} \xrightarrow[\quad P_{CO} \; 15-20 \; bar \quad]{\text{Xylol, } 140^\circ C} (CO)_5Mn \overset{\displaystyle \overset{O}{\overset{|||}{C}}}{\cdots\cdots} Mn(CO)_5$$

Die Bedeutung des CO-Druckes wird dabei in einer stabili-
sierenden Wirkung auf $Mn_2(CO)_{10}$ und der Behinderung der
Bildung von zwei $Mn(CO)_5$-Radikalen [19] gesehen. Der for-
mulierte Brückenkomplex begünstigt möglicherweise darüber
hinaus die mechanistischen Vorgänge beim elektrophilen Angriff des $Hg(C_6H_5)_2$ (vgl. 1.5.) unter Phenylgruppenübertra-
gung. Für den weiteren Reaktionsablauf ist eine CO-Insertion in die Phenyl-Mangan-Bindung eines Zwischenproduktes
wegen des herrschenden CO-Druckes sehr wahrscheinlich;

die hierdurch erhaltene Acylgruppe am Mangan-Atom sollte
anschließend zum Keton abreagieren. Die katalytisch wirk-
same Manganspezies kann die zum Keton umgesetzten CO-Grup-
pen ständig durch CO-Aufnahme aus der Lösung ausgleichen.

III. Zusammenfassung

Es wurde das Reaktionsverhalten von Metall-Metall gebundenen
Übergangsmetallcarbonylen $Mn_2(CO)_{10}$ bzw. $Re_2(CO)_{10}$ und Arylierungsmitteln vom Typ MR_n (M = Hg, Zn, In, Ge, Al; R = Arylgruppe; n = ganze Zahl) in Hinblick auf die Bildung von CO-Übertragungsprodukten untersucht.

Von den untersuchten Übergangsmetallcarbonylen ist $Mn_2(CO)_{10}$
befähigt, auf thermischem Wege CO-Liganden auf Arylreste zu
übertragen. Diese CO-Übertragung führt ohne Anwendung von CO-
Druck zu einem Keton und einer ortho-metallierten Ringverbin-
dung vom Typ $(C_6H_4Z)\overline{CO(C_6H_3Z)}Mn(CO)_4$ [Z = H (I); $N(CH_3)_2$ (III)].
Unter CO-Druck entsteht nur das Keton. Es bildet sich nach Maß-
gabe einer homogenen Katalyse wobei $Mn_2(CO)_{10}$ als Katalysator
wirkt. Auf diese Weise konnten eine Reihe ausgewählter Arylierungsmittel MR_n (M = Hg, Zn, In) mit CO in Gegenwart von
$Mn_2(CO)_{10}$ in siedendem Xylol zu einem symmetrischen Keton und
Metall umgesetzt werden.

(Gl. 19)
$$MR_n + CO \xrightarrow[\text{Katalys. } Mn_2(CO)_{10}]{\substack{\text{Xylol, } 140^\circ C \\ p_{CO}\ 15\text{-}20\text{ bar}}} R_2CO + M$$
(R = Arylrest; n = 2)

Bei Abwesenheit von CO-Überdruck bei der Umsetzung von $Mn_2(CO)_{10}$
mit Arylierungsmitteln MR_n entsteht neben Benzophenon die ortho-
metallierte Verbindung über die Teilreaktion gemäß Gl. 20:

(Gl. 20)

$2(C_6H_4Z)Mn(CO)_5 + 0.5\ Hg(C_6H_4Z)_2 \rightarrow$ I, bzw. III + CO + $(C_6H_4Z)H$
$+ 0.5\ Hg[Mn(CO)_5]_2$

(Z = H, $N(CH_3)_2$)

Solche Ringverbindungen setzen sich mit überschüssigem $M(C_6H_4Z)_n$ unter Aufnahme einer weiteren Arylgruppe (Substitutionsreaktion) zu den Ringverbindungen des Typs $(C_6H_4Z)(C_6H_3Z)\overline{CO(C_6H_3Z)}Mn(CO)_4$ (II, IV) um.

Bei Umsetzungen von $Mn_2(CO)_{10}$ mit $Hg(C_6H_4Z)_2$ ($Z = H$, $N(CH_3)_2$) bzw. $Zn(C_6H_5)_2$ in siedendem Xylol entstehen neben Benzophenon bzw. Michlers Keton beide Typen von Ringverbindungen. Die entsprechende Umsetzung mit $In(C_6H_5)_3$ ergibt neben wenig $C_6H_5\overline{CO(C_6H_4)}Mn(CO)_4$ überwiegend Benzophenon, während $Ga(C_6H_5)_3$ sowie $[Al(C_6H_5)_3]_2$ keine derartigen Produkte ergeben.

Im Zusammenhang mit Untersuchungen zum Reaktionsweg der Entstehung von ortho-metallierten Ringverbindungen wurde durch Umsetzung von $Hg(CH_3)_2$ und $C_6H_5Mn(CO)_5$ ein ortho-metalliertes Produkt des Acetonphenons $CH_3CO(C_6H_4)Mn(CO)_4$ (V) erhalten.

Für das Gelingen der CO-Übertragung auf Arylgruppen durch Mangancarbonylkomplexe ist aus mechanistischer Blickrichtung der entscheidende Schritt die thermisch initierte Insertion eines CO-Liganden in eine primär gebildete Aryl-Mangan-Bindung.

Es erscheint aussichtsreich, mit den hier beschriebenen Verfahren der durch $Mn_2(CO)_{10}$ katalysierten Carbonylierung von Metallarylverbindungen die Darstellung weiterer, auch komplizierter zusammengesetzter Ketone zu erproben.

IV. Literaturverzeichnis

[1] J. Falbe, J. Organometall. Chem. $\underline{94}$, 213 (1975).

[2] O. Roelen, Angew. Chem. $\underline{60}$, 62 (1948).

[3] W. Reppe, Liebigs Ann. Chem. $\underline{582}$, 1 (1953).

[4] H. A. Skinner, Adv. Organometall. Chem. $\underline{2}$, 49 (1964).

[5] W. Clegg und P. J. Weathley, J. Chem. Soc. (A), $\underline{1971}$, 3572.

[6] H.-J. Haupt und F. Neumann, J. Organometall. Chem. $\underline{74}$, 185 (1974).

[7] L. J. Bellamy, Ultrarot-Spektrum und chemische Konstitution, Verlag Dr. Dietrich Steinkopf, Darmstadt 1966, S. 61.

[8] F. A. Cotton und C. S. Kraihanzel, J. Amer. Chem. Soc. $\underline{84}$, 4432 (1962).

[9] H. A. Kaesz, R. J. McKinney und G. Firestein, Inorg. Chem. $\underline{14}$, 2057 (1975).

[10] D. Lahage, S. Brown, J. A. Connors und H. A. Skinner, J. Organometall. Chem. $\underline{81}$, 403 (1974).

[11] J. A. Ibers, J. Organometall. Chem. $\underline{14}$, 423 (1968).

[12] K. Noack, Helv. Chim. Acta, $\underline{47}$, 1064 (1964).

[13] G. M. Sheldrick und R. N. F. Simpson, J. Chem. Soc. (A), $\underline{1968}$, 1005.

[14] D. Seyferth und R. J. Spohn, J. Amer. Chem. Soc. $\underline{91}$, 6152 (1969).

[15] S. A. Hallock und A. Wojcicki, J. Organometall. Chem. $\underline{54}$, 27 (1973).

[16] H. D. Kaesz und R. B. Saillant, Chem. Rev. $\underline{72}$, 231 (1972).

[17] K. Noack, U. Schoerer und F. Calderazzo, J. Organometall. Chem. $\underline{8}$, 517 (1967).

[18] J. P. Fawcett und A. Poe, J. Amer. Chem. Soc. $\underline{98}$, 1401 (1976).

FORSCHUNGSBERICHTE
des Landes Nordrhein-Westfalen

Herausgegeben
im Auftrage des Ministerpräsidenten Heinz Kühn
vom Minister für Wissenschaft und Forschung Johannes Rau

Die „Forschungsberichte des Landes Nordrhein-Westfalen" sind in
zwölf Fachgruppen gegliedert:

Geisteswissenschaften
Wirtschafts- und Sozialwissenschaften
Mathematik / Informatik
Physik / Chemie / Biologie
Medizin
Umwelt / Verkehr
Bau / Steine / Erden
Bergbau / Energie
Elektrotechnik / Optik
Maschinenbau / Verfahrenstechnik
Hüttenwesen / Werkstoffkunde
Textilforschung

Die Neuerscheinungen in einer Fachgruppe können im Abonnement
zum ermäßigten Serienpreis bezogen werden. Sie verpflichten sich
durch das Abonnement einer Fachgruppe nicht zur Abnahme einer
bestimmten Anzahl Neuerscheinungen, da Sie jeweils unter
Einhaltung einer Frist von 4 Wochen kündigen können.

WESTDEUTSCHER VERLAG
5090 Leverkusen 3 · Postfach 300620

GPSR Compliance
The European Union's (EU) General Product Safety Regulation (GPSR) is a set
of rules that requires consumer products to be safe and our obligations to
ensure this.

If you have any concerns about our products, you can contact us on

ProductSafety@springernature.com

In case Publisher is established outside the EU, the EU authorized
representative is:

Springer Nature Customer Service Center GmbH
Europaplatz 3
69115 Heidelberg, Germany